Manejo de Lavouras de *Coffea canephora*

Análise de Viabilidade e Recomendações Técnicas para a cafeicultura no Município de Plácido de Castro – AC

1ª aproximação (2018/2019)

VINICIUS COSTA BARREIROS
&
LUCAS WADT

CreateSpace Ltd.

Revisor técnico: Paulo Guilherme Salvador Wadt

Ficha Catalográfica

B55r	Barreiros, V. C.; Wadt, L.
	    Manejo de lavouras de Coffea canephora. Análise de Viabilidade e Recomendações Técnicas para a cafeicultura no Município de Plácido de Castro – AC. 1ª aproximação; Vinicius Costa Barreiros. Lucas Wadt. Plácido de Castro: Terra Amazônia Engenharia e Tecnologia Rural Ltda. 2018.
	    55p.
	    ISBN-10: 1725608855:
	    ISBN-13: 978-1725608856
	
	    1. Agronomia. 2. Culturas Estimulantes. 3. Cafeicultura. 4. Amazônia. 5. Acre. 6. Título. I. Vinicius Costa Barreiros. II. Lucas Wadt.
	
	                                                        CDD 631

O conteúdo dos capítulos é de responsabilidade dos respectivos autores, não representando a opinião dos editores ou revisores

Copyright © 2018 We Are Dreamers Together.

Todos os direitos reservados.

DEDICATÓRIA

Aos cafeicultores de Rondônia que, com muita determinação e persistência, desenvolveram um sistema de produção cafeeira técnica e economicamente viável para a Amazônia brasileira.

TerrAs - Projeto Fomento 2018/2019

INDICE GERAL

Projeto para implantação de lavouras cafeeiras em Plácido de Castro 3
    O sistema de produção preconizado 7
    Condições Climáticas 11
    Solos e paisagem 14
    Infraestrutura pública 18
    Assistência técnica e assessoria agrícola 19
    População e mão-de-obra 20
    Mercado local e regional 21
    Vocação econômica do município e uso da terra 24
Recomendações técnicas para a implantação e manejo de lavouras cafeeiras clonais 27
    Seleção das áreas para implantação da lavoura 27
    Preparo inicial da área de plantio 29
    Práticas conservacionistas no plantio 30
    Abertura e preparo das covas de plantio 31
    Adubação de Plantio 31
    Plantio e replantio 32
    Tratos culturais pós-plantio 33
    Tratos culturais do primeiro e segundo ano de plantio 34
    Tratos culturais a partir do terceiro ano de plantio 36
    Condução do Cafezal no primeiro e no segundo ano de formação 36

Condução do Cafezal a partir do terceiro ano 37
Adubação no primeiro e segundo ano de formação 38
Pragas do cafeeiro 39
Doenças do cafeeiro 45
Colheita 47
Conclusões 51
Bibliografia Consultada 53

PROJETO PARA IMPLANTAÇÃO DE LAVOURAS CAFEEIRAS EM PLÁCIDO DE CASTRO

A cafeicultura no Brasil tem como base genética duas espécies de *Coffea spp.*: a espécie *Coffea arabica*, cultivada principalmente em Minas Gerais, São Paulo e Paraná, e a espécie *Coffea canephora*, cultivada no Espírito Santo, Rondônia e Bahia.

A espécie *Coffea arabica* é reconhecida por produzir cafés de bebida mais fina, embora as plantas sejam de menor rusticidade e menor produtividade em relação a espécie de *Coffea canephora*.

No estado do Acre, seja por motivos diversos como a cultura dos migrantes que passaram a colonizar o estado desde a década de 1980, ou por motivos estratégicos, as principais culturas cafeeiras implantadas foram do "café arábica" (*C. arabica*), enquanto que no mesmo período o estado de Rondônia passou a introduzir a espécie do café robusta, conilon ou canéfora (*C canephora*), misturando nas lavouras dois híbridos interespecíficos: conilon e robusta.

Esse material introduzido no estado de Rondônia passou por diversos tipos de seleção, empiricamente realizada por viveiristas e cafeicultores, resultando atualmente em uma série de materiais que apresentam atualmente boa adaptabilidade às condições climáticas, elevada produtividade e, mais recentemente, um padrão de qualidade que tem resultado inclusive em premiações em concursos nacionais de qualidade da bebida para cafés canéfora.

No caso café canéfora, o processo de seleção foi facilitado pelo processo de seleção massal sobre os materiais cultivados, permitindo fixar rapidamente características de valor agronômico por meio da propagação clonal dos materiais selecionados, o que não é possível fazer com o café arábica, dado que sua propagação se dá através de sementes, exigindo maior controle parental dos progenitores.

Além disto, enquanto no estado do Acre o parque cafeeiro pouco evoluiu, apresentando estagnação e não suprindo a demanda de consumo do mercado local, a cafeicultura em Rondônia apresentou significativo avanço em seu sistema de produção, devido à melhoria do material genético, aliado a melhores técnicas de manejo fitotécnico, irrigação complementar para períodos de déficit hídrico e melhoria na qualificação da assistência técnica.

Como resultado, as novas lavouras cafeeiras implantadas no estado apresentam produtividade superior, excelente adaptação e boa relação custo-benefício para os investimentos no setor. A média de produtividade das novas lavouras saltou de 55 sacas de café beneficiado ha^{-1}, para 70 sacas de café beneficiado ha^{-1} em 2014 e atualmente situa-se acima de 90 sacas de café beneficiado ha^{-1}.

O preço médio da saca de café canéfora beneficiada nos últimos dez anos (2008 a 2017) tem sempre ficado acima de R$ 250,00 (valor corrigido pelo IGP-M a partir de julho de 2008, para café tipo 7, com

13% de umidade) (Figura 1), sendo que em 2017 foi observada uma variação positiva de 36% acima do preço médio histórico do período indicado, resultando em euforismo e expansão das áreas de produção em vários estados (Espirito Santo, Bahia, Mato Grosso e Rondônia). Vale ressaltar que o café tipo 7 não é o de melhor qualidade nem preço no mercado.

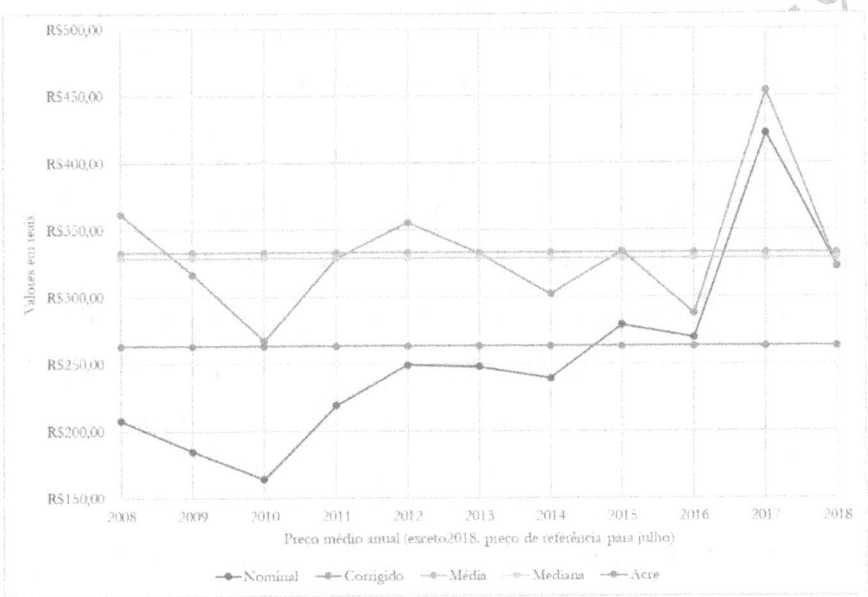

Figura 1. Evolução histórica do valor comercial da saca de café canéfora beneficiada do tipo 7 e com 13% de umidade.

Contudo, já em 2018 o valor da saca comercializada retornou para sua média e mediana histórica, o que corresponde a R$ 333,00 para o valor médio (corrigido pelo IGP-M) e a R$ 329,00 para a mediana (corrigida pelo IGP-M). Todavia, graças ao incremento da produtividade média, que neste mesmo período foi 63%, as lavouras de café canéfora, quando tecnicamente bem conduzidas, possibilitam uma renda bruta média muito superior ao que vinha sendo obtido há cinco ou dez anos atrás. Assim, a estabilidade dos preços de mercado aliada ao aumento do potencial produtivo das novas lavouras, torna a cafeicultura na Amazônia um investimento muito atrativo e seguro.

No estado do Acre, os preços praticados são inferiores aos valores encontrados nos outros estados da federação, devido ao mercado consumidor insipiente e péssima qualidade do produto beneficiado (café brocado, com muitos defeitos e bebida de baixa qualidade), sendo da ordem de 60% do valor ofertado em Rondônia.

Todavia, este cenário pode ser facilmente alterado com a melhoria dos processos de colheita e pós-colheita do produto, o que pode ser obtido com as modernas lavouras clonais cuja maturação dos frutos é mais uniforme. Por este motivo, para fins de projeção do preço futuro da saca de café beneficiado estima-se o valor médio de R$ 263,00 (café beneficiado tipo 7, com 13% de umidade) no Acre (Figura 1).

No tocante especificamente ao município de Plácido de Castro, este possui uma importante fração de seu território destinado a áreas de produção pecuária com baixo nível tecnológico e de reduzida empregabilidade da mão de obra, o que diminui as possibilidades de desenvolvimento agrícola. Além disto, as áreas disponíveis apresentam em sua maior extensão relevo variando de suave ondulado a ondulado, o que impõe restrições para mecanização de forma mais intensiva.

Existe, contudo, a possibilidade de implementar lavouras cafeeiras sob sistema de manejo clonal voltado para a obtenção de altas produtividades, em áreas já alteradas pelo uso pecuário ou de outro sistema de produção agrícola.

Isto pode ser feito pela facilidade de se apropriar das tecnologias já desenvolvidas no estado de Rondônia, introduzindo os materiais genéticos com reconhecida capacidade produtiva e adotando-se o conjunto de práticas de manejo cuja eficácia agronômica já foram comprovadas em Rondônia, como manejo de adubações, irrigação complementar e podas de formação e de produção.

Neste sentido, o município de Plácido de Castro, embora apresente uma agricultura e um mercado de insumos incipientes, possui diversas características que podem ser favoráveis a implantação de um moderno parque cafeeiro: disponibilidade de terras (solo e paisagem) adequadas, clima favorável, adequada disponibilidade hídrica, mercado interno consumidor passível de expansão e capacidade de exportação dos excedentes para o mercado de Rondônia. Estes condicionantes, bem como as recomendações técnicas para a implantação e o manejo destas lavouras até o terceiro ano de formação, serão tratadas de forma mais detalhada nos tópicos a seguir.

O sistema de produção preconizado

O sistema de produção a ser recomendado consiste na implantação de lavouras cafeeiras formadas a partir de mudas clonais, compostas por no mínimo cinco e no máximo oito clones por lavoura, com média modal de seis clones por lavoura.

Os clones serão cultivados em linhas, e conduzidos de duas a quatro hastes por planta, de modo a se obter uma densidade de hastes variando de 10.100 a 12.120 hastes por hectare (Tabela 1).

Tabela 1. Estimativas de densidade de plantio, em função da densidade de hastes por hectare e do número de hastes por planta.

DH	NH	EE (m)	PL	EN (m)	NT	MH***
10.100	2	3,3	5.050	0,6	Alto*	5.900
11.362	4	3,3	3.787	0,8	Alto	4.400
10.100	3	3,3	3.367	0,9	Médio	3.900
12.121	4	3,3	3.030	1,0	Alto	3.500
10.100	4	3,3	2.525	1,2	Médio	2.900
10.667	4	2,5	2.667	1,5	Baixo**	3.100

* a ser recomendado somente para lavouras irrigadas, com excelentes condições de solos e manejo de adubação e com ciclo de renovação mais intenso; **, a ser recomendado apenas para lavouras em situações de lavouras não irrigadas e com solos de menor potencial produtivo; *** demanda de mudas por hectare em função da taxa de mortalidade em campo e necessidade de replantio para reposição – eficiência de 85%. DH =Densidade de hastes por ha; NH = Número de hastes por planta; EE = Espaçamento entre linhas (m); PL = Plantas por ha; EN = Espaçamento na linha (m); NT = Nível Tecnológico; MH = Mudas por ha.

O espaçamento entre linhas será de 2,5 metros entre linhas para lavouras não mecanizadas e de 3,3 metros entre linhas para lavouras mecanizadas, para operações de limpeza da área, pulverizações de produtos fitossanitários e, eventualmente, colheita mecanizada; o espaçamento na linha irá variar em função da densidade de hastes por hectare (Tabela 1).

Nos sistemas com nível tecnológico alto, está previsto sempre a adoção de irrigação complementar; a correção da acidez do solo por meio da incorporação do corretivo por meio de gradagem pesada e em área total e, a adoção de adubação de plantio, de formação e de produção conforme recomendações baseadas em análises de fertilidade do solo; e a adoção de materiais clonais de excelente qualidade sanitária e de elevado potencial produtivo. A expectativa deverá ser de uma produtividade de 90 a 120 sacas de café beneficiado por hectare (média modal de 95 sacas por hectare, e receita bruta anual de R$ 24.985,00 por hectare a partir do terceiro ano).

Nos sistemas com nível tecnológico médio, a irrigação complementar não se faz necessária e a correção da acidez do solo pode ser restrita à cova de plantio ou mesmo dispensada, porém haverá sempre a adoção de adubação de plantio, de formação e de produção conforme recomendações baseadas em análises de fertilidade do solo. Os matérias clonais devem ser aqueles melhores adaptados às condições de cultivo de sequeiro (sem irrigação complementar) e com boa resistência a doenças e pragas, sendo ainda de elevado potencial produtivo. A expectativa deverá ser de uma produtividade de 70 a 90 sacas de café beneficiado por hectare (média modal de 75 sacas por hectare, e receita bruta anual de R$ 19.725,00 por hectare a partir do terceiro ano).

Nos sistemas com nível tecnológico baixo, a irrigação complementar é facultativa, a correção da acidez do solo pode ser restrita a cova de plantio ou mesmo dispensada e os matérias clonais devem ser aqueles melhores adaptados as condições de cultivo de sequeiro (sem irrigação complementar) e de baixa fertilidade do solo, com moderado a elevado potencial produtivo. A adubação de plantio será requerida, porém as adubações de formação e de produção poderão ser reduzidas em até 30%, face à menor densidade de plantas por hectare. A expectativa deverá ser de uma produtividade de 40 a 70 sacas de café beneficiado por hectare (média modal de 50 sacas por hectare, e receita bruta anual de R$ 13.150,00 por hectare, a partir do terceiro ano).

Quanto a seleção dos materiais clonais, serão indicados para o nível tecnológico baixo os materiais clonais desenvolvidos por viveiristas do estado de Rondônia e que foram selecionados de lavouras não adubadas e conduzidas sem irrigação; normalmente, são matérias mais antigos, mas que tem se mostrado com produtividade estável e resistentes às condições de manejo menos favoráveis, embora, sejam menos responsivos à adubação. Estão entre estes materiais aqueles desenvolvidos na região de Cacoal e Nova Brasilândia do Oeste, em Rondônia. Dentre estes materiais mais antigos, serão excluídos aqueles com baixa tolerância a doenças e, ou, pragas.

Para o nível tecnológico médio, serão indicados clones desenvolvidos a partir de 2013 por viveiristas dos municípios de Alta Floresta do Oeste e Alto Alegre do Oeste, em Rondônia, que sejam considerados como tolerantes ao estresse hídrico e com moderada a alta capacidade produtiva.

Para a situação de alto nível tecnológico, os clones a serem indicados serão aqueles que estão sendo introduzidos em Rondônia a partir de 2018. Estes clones, desenvolvidos por viveiristas de Cacoal, Nova Brasilândia do Oeste, Alta Floresta do Oeste e Alto Alegre do Oeste, todos em Rondônia, são mais exigentes no manejo e nas adubações, porém tidos como mais produtivos e com tendência de serem os mais utilizados pelos agricultores de Rondônia nos próximos anos.

O manejo das lavouras será realizado com base nas recomendações atuais de formação de número pré-definido de hastes por planta, e também com a poda dos ramos plagiotrópicos que já produziram, de forma a favorecer o desenvolvimento dos ramos de crescimento vegetativo do ano anterior ao da colheita atual.

As recomendações de calagem, adubação e tratos fitossanitários seguirão as mesmas que são utilizadas para o estado de Rondônia, observadas as condições de fertilidade do solo e de ocorrência de pragas e, ou, doenças em cada lavoura.

Condições Climáticas

O clima no município de Plácido de Castro é classificado como Am (Koppen e Geiser), apresentado precipitação anual superior à evapotranspiração potencial anual, o que indica boa disponibilidade hídrica. Na média, a precipitação pluviométrica média anual é da ordem de 1.850 mm. Quanto à precipitação, o mês de janeiro é o de maior média histórica (269 mm); no período de maio a setembro a precipitação média mensal situa-se abaixo de 100 mm, sendo o mês de julho o mais seco, com precipitação média de 21 mm.

Para a cultura do cafeeiro, a disponibilidade hídrica durante o período chuvoso é suficiente para atender plenamente as demandas hídricas da cultura; no período mais seco do ano, a menor disponibilidade hídrica é favorável durante o período de colheita e pós-colheita, quando a atividade metabólica do cafeeiro é reduzida.

O período seco entre agosto e setembro pode resultar em perdas da produtividade associadas a eventos pluviométricos em intensidade e constância insuficientes, que favorecem o abortamento floral ou o desenvolvimento dos frutos após o período de fecundação. Essas perdas podem ser reduzidas com a utilização de irrigação complementar.

Não ocorrem períodos de baixa temperatura em Plácido de Castro, sendo a temperatura suficientemente quente durante todo o ano para atender as necessidades de crescimento do cafeeiro. O dia mais frio do ano ocorre em julho, com média de 19 °C para a temperatura mínima e 31 °C para a máxima, condições estas não limitantes para o desenvolvimento do cafeeiro. A temperatura média anual registrada ao longo da série histórica é de 26,3°C; a temperatura média no mês mais seco é de 25°C e o mês com maior temperatura média é setembro, com 27,1°C. Em relação às temperaturas máximas diárias, o período de mais quente ocorre entre a segunda quinzena de agosto e a primeira quinzena de outubro, com temperatura máxima diária média de 33 °C. A umidade relativa do ar é acima de 90% de outubro a maio, e acima de 72% entre junho e setembro.

A combinação de clima quente e umidade relativa alta, no período de outubro a maio, é favorável para o desenvolvimento de doenças fúngicas do cafeeiro. A elevada temperatura (média máxima mensal acima de 33°C), associada ao período mais seco, aumentam os riscos de perda de produção por abortamento floral ou desenvolvimento de frutos após o período de fecundação.

O acúmulo de graus-dias é contínuo durante todo o ano, acumulando-se cerca de 3.000 graus-dia a partir do mês mais frio do ano ou 5.600 graus-dia a partir do mês mais quente do ano (janeiro), para um período de seis meses.

Uma questão importante do ponto de vista produtivo, relacionada à fisiologia da planta, diz respeito à indução ao florescimento e manutenção da florada, determinada principalmente pelo fator água. O uso de sistemas irrigados permite ao produtor um maior controle dessa variável climática, oferecendo menos riscos e mais garantia de resultados satisfatórios, embora exija um maior investimento inicial.

A irrigação por gotejamento apresenta bom potencial de uso na região, devido à menor exigência em energia elétrica. Além disso, o método adequa-se a qualquer tipo de terreno sem necessidade de sistematização, e possibilita um melhor uso da água, com eficiências que podem chegar a 90-95%.

Portanto, sob o aspecto climático a produção cafeeira é favorável no município de Plácido de Castro, esperando-se contudo maior incidência de doenças fúngicas no período chuvoso (o que deve ser prevenido com tratamento fitossanitário) e abortamento de flores no período seco, o que pode ser evitado com irrigação complementar. Nenhum destes fatores impede, todavia, o desenvolvimento da cafeicultura no município.

Solos e paisagem

A paisagem no município de Plácido de Castro é caracterizada pela predominância de relevo variando de suave ondulado a ondulado associado principalmente aos solos da ordem dos Argissolos (83,6% da área do território municipal)[1]. Os Argissolos, no município, estão predominantemente associados a condições de elevada acidez, em duas situações principais, em ambientes com:

a) baixa saturação de bases associados a argilas de baixa atividade (solos distróficos);

b) elevada saturação por alumínio (solos alumínicos) associados a argilas de alta atividade.

A primeira situação indica solos com baixo estoque de nutrientes e com limitações devido a acidez do solo, e quando presente em níveis mesmo que baixos, o alumínio trocável apresenta-se muito limitante ao desenvolvimento radicular do cafeeiro.

Por outro lado, os solos com carácter alumínico associados a argilas de alta atividade, embora apresentem valores mais elevados de acidez, comumente são mais férteis, com maiores estoques de nutrientes, e a toxicidade de alumínio para o cafeeiro pode ser de fraca a moderada[2]. Esta situação engloba aproximadamente 20% dos

[1] Neste estudo, embora alguns autores apontem a predominância de Latossolos na paisagem regional, adotou-se como referência trabalho de levantamento de solos conduzido por Rodrigues et al (2003) pelo nível de detalhamento adotado.

Argissolos do município.

Os Argissolos podem apresentar drenagem variando de moderada a boa, sendo melhor drenados quando na ausência de argilas de alta atividade. Apresentam susceptibilidade a erosão de moderada a forte, principalmente nas áreas com relevo mais acidentado. Quanto à mecanização, as restrições de uso estão associadas à áreas declivosas.

No município de Plácido de Castro, muitos Argissolos ocorrem associados, na mesma paisagem, a Plintossolos (aproximadamente 4,9% do território municipal) ou, apresentam carácter plíntico, ou seja, são solos transicionais que embora foram classificados como Argissolos, possuem algumas propriedades associadas aos Plintossolos. Neste caso, apresentam como agravante a menor capacidade de armazenamento de água no solo, maior restrição à drenagem interna e menor volume de solo para o desenvolvimento do sistema radicular do cafeeiro.

A segunda ordem de importância no município são os Latossolos, que compreendem 11,4% do território. Os Latossolos assemelham-se aos Argissolos de baixa saturação de bases associados a argilas de baixa atividade, com a diferença que normalmente são solos de melhor drenagem interna do perfil, localizados muitas vezes em porções mais elevadas do relevo regional, em área de recarga da bacia hidrográfica e, portanto, com maior ocorrência de corpos d´água permanentes (igarapés). Quanto a fertilidade do solo, embora sejam inferior aos Argissolos, apresentam excelente condições físicas para o

---

[2] WADT, P. G. S.. Manejo de solos ácidos do Estado do Acre. Rio Branco: Embrapa Acre, 2002 (Documento Técnico).

desenvolvimento do café, na medida que as restrições de fertilidade sejam corrigidas com a calagem e adubações de formação e de produção.

Em algumas paisagens, também podem ocorrer Latossolos com presença de carácter plíntico. Nesta situação, poderá haver redução no grau de qualidade de algumas características físicas favoráveis, como por exemplo a drenagem interna do solo, que poderá ser mais restritiva que naqueles Latossolos sem a presença deste carácter.

Em áreas de várzeas ou áreas de sedimentação hidrogeodinâmicas, em relevo plano, podem ocorrer os Gleissolos. Estes solos apresentam fertilidade variável, inclusive com a possibilidade de apresentarem elevados teores de alumínio trocável associados a argilas de alta atividade e teores de cálcio e magnésio variáveis. São solos normalmente mal drenados, resultando em severa deficiência de oxigênio quando úmidos, com baixa capacidade de armazenamento de água disponível e, portanto, com características físicas não favoráveis ao cultivo do café..

Uma característica comum a todos estes solos (Argissolos, Latossolos, Plintossolos e Gleissolos) é que podem apresentar de média a elevada capacidade de fixação de fosfato, requerendo adubações fosfatadas acima da demanda nutricional do cafeeiro; por outro lado, a disponibilidade de potássio pode variar de baixa a adequada para a maioria dos solos do município de Plácido de Castro.

No conjunto dos solos que ocorrem no município, podemos

indicar os Latossolos como os de maior potencial produtivo para lavouras cafeeiras adubadas, seguidos pelos Argissolos, Plintossolos e com menor capacidade produtiva os Gleissolos (Tabela 2). Essa classificação leva em conta a adoção das tecnologias normalmente adotadas em Rondônia, na zona da Mata Rondoniense (calagem do solo; adubações de plantio, formação e produção; irrigação complementar; materiais clonais adaptados à região). Todavia, outras técnicas agrícolas, se adotadas, podem mitigar algumas das limitações encontradas e melhorar o potencial produtivo destas áreas.

Considerando o cultivo de café, os solos predominantes da região (Argissolos e Latossolos) são favoráveis à instalação da cultura, pois possuem poucas limitações físicas ao crescimento do sistema radicular em profundidade e oferecem bom armazenamento hídrico, principalmente os Latossolos. A maior limitação está na fertilidade natural desses solos, que são de baixa a média, exigindo a correção através de insumos agrícolas. Menos de 5% das áreas do município apresentam maior grau de restrição para a cultura do cafeeiro, principalmente por problemas associados a deficiência de oxigênio do solo nas áreas de ocorrência de Plintossolos e Gleissolos.

Tabela 2 - Classes de solo (CS), graus de limitação à aptidão agrícola dos solos para o cafeeiro (F – limitação a deficiência de fertilidade do solo; A = limitação a deficiência de armazenamento de água no solo; O = limitação quanto a deficiência de oxigênio no solo; E = limitação quanto a susceptibilidade à erosão; M = limitação quanto a mecanização), P = potencial produtivo da paisagem para o cafeeiro; com informações das áreas do território municipal ocupadas com os diferentes solos, por km2 e porcentagem do município de Plácido de Castro – AC. Onde 👍 corresponde a grau favorável ao cafeeiro, e 👎 corresponde a grau desfavorável ao cafeeiro

CL	Área (km²)	(%)	F	A	O	E	M	P
Latossolo	257,98	11,35	👎	👍👍 👍	👍👍 👍	👍👍	👍👍 👍	👍 👍
Argissolo	1899,04	83,59	👎 👎	👍👍	👍👍	👍👍	👍👍	👍
Plintossolo	111,92	4,93	👎 👎		👎👎	👍	👍	👎
Gleissolo	3,25	0,14	👎👎	👎👎	👍👍	👍	👎	👎
Total	2.272,24	100,0						

Infraestrutura pública

Do ponto de vista energético, o município é atendido pela concessionária Eletronorte e faz parte da rede interligada de Rio Branco. O consumo municipal atual é de 15.100.678 kWh, em atendimento a 6.920 consumidores.

Quanto à eletrificação rural, existem instalados no município 543,1 km de linhas de transmissão elétrica, garantindo atendimento a 96,5% das famílias rurais, o que é considerado um elevado nível de propriedades rurais atendidas. Nos principais ramais (estradas vicinais) do município, o atendimento das famílias é de 100%.

No tocante aos ramais, o município possui a maioria deles em estado de conservação variando de regular a bom, sendo que normalmente apresentam problemas de locomoção no período de janeiro a maio, devido à perda de qualidade do piso em função de pontos de atolamento de veículos. Todavia, a maioria dos ramais vem sendo recuperados nos últimos anos, com a recuperação de pontes e a colocação de materiais (piçarra) mais adequados para o tráfego de veículos nos locais mais críticos. Quanto ao manejo das lavouras cafeeiras, os ramais deverão possibilitar o escoamento da produção no período da colheita e o acesso de insumos mais volumosos (fertilizantes) até dezembro de cada ano agrícola. Os insumos fitossanitários (herbicidas, inseticidas e fungicidas) são pouco volumosos e poderão ser transportados em qualquer período do ano, embora, sejam requeridos principalmente no período de novembro a abril.

No que se refere à telefonia, a maioria dos produtores rurais possuem acesso a telefonia móvel, sendo que parte destes possuem antena de rádio que possibilita a comunicação na própria área rural, enquanto que outros conseguem comunicação apenas quando nos centros urbanos do município (na sede ou nos distritos urbanos). A maioria é atendida pelas operadoras de telefonia das empresas Oi S.A. e da Claro S.A.

Assistência técnica e assessoria agrícola

A assistência técnica rural existente no município é escassa e voltada principalmente para a produção pecuária, sendo que a maioria dos consultores privados atuantes estão localizados fora do município, principalmente em Rio Branco.

Em relação à assistência técnica pública estadual e municipal, apresentam limitações tanto do ponto de vista quantitativo quanto qualitativo. Estes normalmente não possuem experiência significativa com o manejo de lavouras cafeeiras, com pouca disponibilidade de recursos de transporte para atendimentos dos produtores rurais e muitas vezes estão envolvidos em atividades burocráticas, com baixo impacto direto no atendimento dos produtores rurais.

Para suprir parte destas deficiências, a prefeitura municipal de Plácido de Castro contratou assistência técnica específica para produtores interessados em investir em lavouras cafeeiras, trazendo técnicos de Rondônia com experiência nesta cultura e dedicados exclusivamente para fornecer assistência aos produtores previamente inscritos no programa cafeeiro do município.

População e mão-de-obra

A população do município de Plácido de Castro é caracterizada por apresentar um baixo nível educacional, sendo que apenas 21,7% possui ensino médio completo e a taxa de analfabetismo chega aos 23,6% da população adulta. A população economicamente ativa, representa apenas 54,7% do total, sendo que cerca de 60% dos empregos são informais.

Neste cenário, considerando que a propriedade descrita neste projeto contará com a contratação de mão-de-obra para realização de tratos culturais, tais como plantio, condução, controle fitossanitário, colheita e pós-colheita, presume-se que há mão-de-obra disponível. No entanto, é observado no município uma dificuldade na contratação de pessoas para serviços no meio rural, pois existe uma preferência por trabalhos na cidade, ainda que informais.

Dessa forma, a contratação de mão-de-obra será um desafio enfrentado pelo produtor, que deverá ser superado através do oferecimento de boa remuneração, e condições de trabalho justas ao empregado.

Mercado local e regional

A estimativa de produção do mercado cafeeiro no estado do Acre é de 2.440 toneladas ano^{-1} de café beneficiado (incluindo a produção das espécies arábica e canéfora), em uma área de produção de 1.570 ha. Isto representa uma produtividade média de aproximadamente 25,9 sacas de café beneficiado ha^{-1} ano^{-1}, evidenciando o baixo nível tecnológico das lavouras do estado.

No Acre, o município com maior produção é o de Acrelândia, localizado na Regional do Baixo Acre, a qual faz parte também o município de Plácido de Castro.

No município de Plácido de Castro, são produzidos atualmente cerca de 50 toneladas por ano de café, com uma área de colheita de aproximadamente 40 ha (IBGE, 2016). Neste caso, a produtividade média é de 21 sacas de café beneficiado ha^{-1} ano^{-1}, predominando lavouras de baixo nível tecnológico.

Todavia, é importante destacar que em já em 2017 o município conta com um produtor rural cuja produtividade média da lavoura clonal está estimada na ordem de 90 sacas de café beneficiado ha^{-1} ano^{-1}, e cujo sistema de produção pode ser considerado de alto nível tecnológico.

Em Acrelândia, também tem sido registradas novas lavouras cafeeiras clonais, cujas médias de produtividade apontam para patamares na ordem de 80 a 95 sacas de café beneficiado ha^{-1} ano^{-1}.

Também na Regional do Baixo Acre concentram-se os principais meios de produção, transformação e comercialização do café no estado.

Estima-se que o estado do Acre possua nove processadoras de café, sendo quatro delas localizadas na regional do Baixo Acre, incluindo uma unidade no município de Plácido de Castro (IBGE, 2016).

Todavia, nos últimos anos, estas unidades processadoras vem atuando abaixo de sua capacidade instalada, havendo assim possibilidades de parte significativa do incremento de produção ser destinado ao mercado local. Dada a ociosidade dos parques instalados, já se verificava uma possibilidade de aumento de 850 ha na área de produção de café canéfora para atender toda a capacidade de processamento instalada.

Por outro lado, a exportação do café acreano para outras regiões do país tem sido insignificante, principalmente devido à baixa qualidade do produto beneficiado, o que resulta em baixa remuneração da produção local e na necessidade até mesmo de importação do café produzido em Rondônia.

No tocante as torrefadoras acreanas, três destas indústrias são associadas à Associação Brasileira das Indústrias de Café (ABIC), sendo que cada uma delas trabalha com duas marcas registradas. A torrefadora Café Contri Importadora e Exportadora Ltda. opera com as marcas Contri e Sarah; a torrefadora Ical – Industria e Comércio de Alimentos Ltda trabalha com as marcas comerciais Coroa Real e Zaire; e a torrefadora Ferlim Industria e Comercio Ltda opera com as marcas Ferlim e Vovo Pureza. Todas essas torrefadoras estão localizadas na capital Rio Branco.

No estado do Acre, os principais canais de comercialização do produto processado são, em ordem decrescente, supermercados, mercearias, padarias e atacadistas e distribuidores, sendo a capital Rio Branco o principal centro produtor e consumidor.

A principal via de escoamento entre os municípios ocorre pelas rodovias, sendo que as estradas da região apresentam estado de conservação de regular a bom, não representando empecilho significativo para o escoamento.

Uma alternativa para o mercado local, inclusive visando um melhor aproveitamento da capacidade de processamento instalada, está na produção de rotulagem "café orgânico", cujo mercado de comercialização poderia ser alcançado sem a necessidade de grandes investimentos a curto prazo.

Atualmente parte significativa da comercialização do café tem sido feita sem beneficiamento, sendo o café apenas seco na propriedade rural e depois vendido "em coco", pelos produtores diretamente para as indústrias beneficiadoras, o que reduz a dependência de atravessadores. Porém, na prática, devido à baixa qualidade do produto, isto não tem resultado em melhor remuneração do produtor, uma vez que não tendo alternativas para o escoamento da produção para outros mercados, fica sujeito aos preços praticados pela indústria local.

Assim, um fato determinante para a melhoria das condições de comercialização será a instalação de indústrias beneficiadoras, para a secagem e descascamento do café, o que poderá facilitar o alcance do produto a novos mercados, principalmente o rondoniense que é sustentado por quantidade considerável de compradores e exportadores.

Um fator negativo que deve ser levando em conta é o insipiente mercado local para o fornecimento de insumos (fertilizantes, mudas, herbicidas, inseticidas, fungicidas) e equipamentos (máquinas agrícolas e sistemas de irrigação) para a produção cafeeira local, resultando em dependência dos fornecedores rondonienses até que o volume local de demanda destes insumos e equipamentos favoreça o crescimento do próprio mercado local. Esta condição é desfavorável por aumentar os custos locais e reduzir as margens de lucratividade, o que é em parte compensado pelo menor custo de oportunidade da terra.

Vocação econômica do município e uso da terra

A principal atividade econômica do município de Plácido de Castro é a pecuária de corte, praticada em extensas áreas e com baixo nível tecnológico.

O rebanho de bovinos em 2015, segundo dados do IBGE, era de 183.986 cabeças, representando 6,3% do efetivo estadual. No mesmo ano, foram abatidos 45.213 bovinos no município (10,4% do abate estadual). A pecuária leiteira, embora menor que a de corte, também apresenta importância econômica, com uma produção de 6.209 mil litros de leite produzidos em 2015 (3ª maior produção do estado).

Dos 81.349 ha de áreas produtivas do município, 74.946 ha (92%) são utilizados como pastagens, das quais, cerca de 14% (11.540 ha) são consideradas degradadas. As demais áreas produtivas são utilizadas para o cultivo de mandioca (779 ha), banana (610 ha), laranja (160 ha), borracha (140 ha), e outros. As áreas de floresta e áreas destinadas a proteção ambiental representam 52.614 ha.

Diante deste cenário, considerando o baixo preço médio das áreas de pastagens, quando comparadas ao custo médio das terras utilizadas com produção agrícola, existe potencial para a implantação de lavouras cafeeiras como uma segunda fonte de renda agropecuária.

O menor custo médio das terras reduz o custo de oportunidade da terra, possibilitando assim uma melhor remuneração do produtor agrícola, como também a possibilidade de comercialização do produto em outros mercados (por exemplo, em Rondônia), com possibilidades de obtenção de um preço final de comercialização superior ao hoje praticado no mercado local, de forma a compensar os maiores custos associados ao frete de insumos e dos produtos.

RECOMENDAÇÕES TÉCNICAS PARA A IMPLANTAÇÃO E MANEJO DE LAVOURAS CAFEEIRAS CLONAIS

O conjunto de recomendações técnicas que se seguem aplicam-se para o período de implantação e formação das lavouras cafeeiras, até o início da produção regular. O primeiro ano de produção regular foi inserido como meio de possibilitar projeção dos custos e receitas previstas com a atividade.

Essas recomendações técnicas foram desenvolvidas especificamente para serem aplicados para as condições edafoclimáticas e socioeconômicas do município de Plácido de Castro, AC, de forma que sua aplicação em outras regiões ou situações demandam diferentes ajustes ou alterações em vários procedimentos indicados.

Seleção das áreas para implantação da lavoura

No cultivo de plantas perenes a implantação e manejo inicial da lavoura é fundamental para o sucesso da cultura, uma vez que erros cometidos durante essa fase prejudicam permanentemente a lavoura, até que esta seja renovada.

Considerando-se as principais ocorrências de solos do município de Plácido de Castro, em cada propriedade, as áreas a serem implantadas as lavouras cafeeiras deverão ser selecionadas conforme os seguintes critérios:

a) Evitar-se as áreas de ocorrência de Gleissolos, dando preferência para locais onde se verifique a ocorrência de Latossolos ou Argissolos;

b) Áreas planas serão escolhidas apenas quando em posições mais elevadas do relevo local e quando não se tratarem de zonas de sedimentação hidrogeodinâmica;

c) Áreas com solos com baixa capacidade de drenagem somente serão utilizados, quando na ausência de solos de melhor drenagem, e desde que o relevo local seja suave ondulado a ondulado, permitindo melhor escoamento da água superficial;

d) Na presença de solos com carácter plíntico ou argilas de alta atividade, a irrigação complementar deverá ser considerada como uma condição indispensável para a implantação da lavoura, como forma de propiciar melhor desenvolvimento da lavouras no período mais seco do ano;

e) Havendo possibilidade de escolha, relevo suave ondulado deverá ser preferido em relação aos locais com relevo ondulado, como forma de facilitar a possibilidade de futura mecanização das lavouras.

Quanto a dimensão da área de implantação das lavouras, para as lavouras irrigadas o tamanho mínimo recomendado será de 1 ha;

para lavouras sem irrigação o tamanho mínimo poderá ser de até 0,5 ha. A dimensão máxima irá variar com o perfil econômico do produtor, sendo que no primeiro ano será recomendado sempre a dimensão mínima e sua expansão apenas nos anos seguintes, exceto quando o produtor apresentar indicações de necessidade de ganho de escala de produção devido a investimentos em equipamentos e mecanização.

Preparo inicial da área de plantio

Nas áreas que não apresentem indicações de compactação do solo, o preparo inicial com aração e gradagem poderá vir a ser dispensado, principalmente nos casos em que não houver a previsão da aplicação de corretivos de acidez do solo em área total.

Nestes casos, o preparo do solo pode ser realizado em faixas, nas linhas de plantio, através de subsolagem (com rendimento de 1,5 horas máquina por hectare por uma operação). Serão recomendadas a abertura das covas correspondendo aos sulcos formados pela subsolagem. Esse procedimento evita o revolvimento do solo e mantém a estrutura atual do mesmo, além de permitir a conservação da cobertura vegetal natural nas entrelinhas.

Quando houver indicações de compactação, será recomendada uma operação de subsolagem (rendimento de 2 horas máquina -hm- por hectare por duas operações), seguida de uma aração (rendimento de 4 hm/ha por operação), seguida de uma gradagem aradora (rendimento de 2 hm/ha com duas operações), uma gradagem niveladora (rendimento de 2 hm/ha por duas passadas), totalizando

10 hm/ha. Este rendimento já está prevendo a utilização das máquinas em áreas pequenas, o que reduz a eficiência teórica das operações.

Se houver a necessidade da aplicação de calcário, esta aplicação poderá ser feita a lanço manual com carreta de calcário, com rendimento estimado de 2 hm/ha e mais 1 homem-dia (hd) por ha por operação (dois ajudantes, por 4 horas cada um).

A demanda de calcário (PRNT médio de 65%) pode variar de 2 a 5 toneladas por hectare, em função da análise de solos de cada área a ser implantada a lavoura cafeeira. Para demandas superiores a 5 toneladas de hectare, poderá ser recomendado calagem superficial a lanço após o terceiro ano de plantio.

Práticas conservacionistas no plantio

Sempre que possível, devem ser aplicadas práticas de manejo conservacionista, que visam a redução da erosão, aumentam a infiltração da água no solo e manutenção da fertilidade do solo.

No cultivo de café as principais práticas de manejo conservacionista são o plantio em nível associado com a manutenção de cobertura vegetal nas entrelinhas.

Para a locação das linhas de plantio em nível, estima-se a demanda de 2 hd/ha, sendo também necessária mangueira de nível (30 metros), clinômetro ou teodolito de nível.

Abertura e preparo das covas de plantio

Serão recomendadas a aberturas de cova de plantio, no espaçamento indicado em conformidade com o nível tecnológico a ser adotado (ver item do "O Sistema de Produção Preconizado"), em dimensões mínimas de 30 x 25 x 25 cm (profundidade, largura e comprimento) para covas feitas nos sulcos de subsolagem e de 40 x 40 x 40 cm para covas feitas fora dos sulcos de subsolagem.

Para a abertura das covas poderão ser utilizadas ferramentas como boca de lobo, enxadões ou perfuradoras mecanizadas (broca perfuratriz), sendo que neste caso, deverá ser sempre seguida da redução do espelhamento das paredes do solo, fazendo-se com que as dimensões mínimas sejam aumentadas em 5 cm no mínimo, após a perfuração da cova.

Os rendimentos previstos para covas de 30 x 25 x 25 cm são de 8 hd/ha, a serem indicadas para o nível tecnológico baixo; de 10 hd/ha para covas de 40 x 40 x 40 cm indicadas para o nível tecnológico médio; e de 12 hd/ha para covas de 40 x 40 x 40 cm indicadas para o nível tecnológico alto. Com o uso das perfuradoras mecanizadas, o rendimento previsto podem ser aumentado em 30%. Neste caso, deve-se considerar o rendimento da perfuratriz mecanizada, estimado em 10 hm/ha.

Adubação de Plantio

As covas serão preenchidas com o solo retirado durante a abertura, acrescidos de fertilizante fosfatado (superfosfato triplo), na quantidade de 300 kg do fertilizante por hectare. A quantidade a ser aplicada por cova deverá ser obtida através da quantidade prevista por hectare dividida pela densidade de plantio. Caso a análise de solos indique disponibilidade de fósforo acima de 15 mg P dm^{-3} de solo e o P remanescente for abaixo de 20 mg P dm^{-3}, a quantidade de fósforo a ser aplicada na cova deverá ser reduzida para 200 kg de superfosfato triplo por hectare.

Junto ao superfosfato simples, deverá ser aplicado também 50 kg por ha do fertilizante FTE BR 12 (9% de Zn e 2% de B), ou fertilizante equivalente, cuja quantidade por cova também deverá ser obtida em função da densidade de plantio adotada. Caso o pH do solo seja acima de 6,9, a adubação com micronutrientes deverá ser complementada com pulverizações foliares no período de formação da lavoura. O rendimento das operações de aplicação dos fertilizantes na cova é estimado em 3 hd/ha.

Plantio e replantio

Finalizada a etapa de preparo do solo e abertura das covas, proceder-se-á com o plantio das mudas. O período recomendado para essa prática é entre 20 de outubro a 20 de janeiro. Plantios antecipados podem ocasionar morte de mudas devido à baixa disponibilidade hídrica, enquanto que plantios tardios podem causar perdas durante a estação seca subsequente, devido ao curto período para desenvolvimento do sistema radicular.

O plantio deve ser realizado em condições de boa umidade no solo e no ar, preferencialmente em períodos nublados e com chuvas frequentes, a fim de evitar danos por excesso de radiação e, ou, transpiração nas mudas tenras.

As mudas serão retiradas de seus recipientes, eliminando-se 2 cm da porção inferior, com o objetivo de prevenir a ocorrência de enovelamento do sistema radicular, e colocadas em "pequenas covas" abertas manualmente, de tamanho adequado para receber a muda. As mudas serão plantadas ligeiramente acima do nível do solo, a fim de evitar acúmulo de água e ocorrência de doenças na base do caule.

A quantidade de mudas a ser utilizada deverá variar conforme o nível tecnológico e a densidade de hastes por hectare, conforme tabela 1 do item "O Sistema de Produção Preconizado".

O rendimento das operações de plantio é estimado em 9 hd/ha.

Após o plantio, a cada 30 dias, serão realizadas vistorias na área para substituição de mudas mortas, prática conhecida como replantio. Plantas que apresentem desenvolvimento abaixo do esperado também serão substituídas.

O rendimento das operações de replantio é estimado em 2 hd/ha, incluindo nesta estimativa o serviço de vistoria e de replantio propriamente dito. A estimativa da quantidade de mudas a serem substituídas é de 10% da quantidade plantada.

Tratos culturais pós-plantio

Para serem protegidas da incidência excessiva de radiação solar, as mudas recém-plantadas poderão ser protegidas por abrigos feitos manualmente com partes de folhas de palmáceas até cerca de 20 dias após o plantio. Sob a copa das mudas será mantida cobertura morta para manter a umidade do solo e aumentar a sobrevivência de mudas. O rendimento das operações de tratos culturais pós-plantio é estimado em 4,5 hd/ha.

Tratos culturais do primeiro e segundo ano de plantio

Durante o primeiro e segundo ano de condução das lavouras, o controle de plantas daninhas será realizado com roças periódicas nas entrelinhas e o coroamento das plantas nas linhas de cultivo, de forma que o manejo adequado propicie ao solo cobertura vegetal constante, mantendo a umidade; evitando problemas com erosão; fornecendo matéria orgânica; e melhorando as condições químicas, físicas e biológicas do solo, ao mesmo tempo em que a competição por água, luz e nutrientes imposta pela presença de plantas daninhas não prejudique o desenvolvimento das plantas de café.

O coroamento poderá ser feito manualmente ou com a utilização de herbicidas. Quando manualmente, a demanda estimada será de 4 hd/ha por operação, sendo previstas quatro operações de coroamento no primeiro ano agrícola (após plantio, durante o período das chuvas, ao final das chuvas e durante o período de estiagem) e quatro operações no segundo ano agrícola (início do período chuvoso, durante o período das chuvas, ao final das chuvas e durante o período de estiagem) variando-se a quantidade de operações conforme o desenvolvimento das plantas daninhas.

Quando o coroamento for feito por meio de herbicidas, a demanda estimada será de 1,0 a 4,0 L de herbicida por hectare (podendo variar em função do produto, da concentração do ingrediente ativo e da época de aplicação) (Tabela 3) e 1 hd/ha por operação. Neste caso, devido ao maior efeito residual, são previstas de 4 e 3 aplicações no primeiro e segundo ano agrícola, respectivamente.

Poderão também ser intercaladas a aplicação de herbicidas com coroamento manual, em função da disponibilidade de mão de obra e redução dos custos financeiros para aquisição de insumos.

Para as operações de roçagem nas entrelinhas, quando realizado por trator com roçadeira acoplada, o rendimento previsto será de 1 hm/ha por operação; quando realizado por roçadeira costal, o rendimento será de 2 hd/ha e 16 hm/ha por operação (neste caso, a hora máquina da roçadeira). O número de operações previstas serão de quatro a seis roçadas anuais.

Tabela 3. Herbicidas recomendados para café em formação

Forma de aplicação	Princípio ativo	Dose/ha (kg ou L)
Pré-emergente	Acetochlor	2,0 – 4,0
	Alachlor	4,0 – 6,0
	Oryzalin	1,0 – 1,5
	Oxifluorfem	2,0 – 6,0
Pós-emergente	Fluazifop-p-butil	1,0 – 2,0
	Amônio glufosinato	2,0 – 3,0

O equipamento utilizado para realizar a aplicação de herbicidas na lavoura de café será o pulverizador costal manual. Esse equipamento exige baixo investimento e possui manuseio simplificado, embora apresente baixo rendimento operacional, dificuldade em manter vazão constante e elevada exigência de esforço físico.

Tratos culturais a partir do terceiro ano de plantio

A partir do terceiro ano de formação (e primeiro de produção), haverá redução da demanda dos serviços de limpeza da área, devido ao sombreamento do solo causado pelo cafeeiro, o que reduz o crescimento das plantas daninhas.

Para as operações de roçagem nas entrelinhas, quando realizado por trator com roçadeira acoplada, o rendimento previsto será de 1 hm/ha por operação; quando realizado por roçadeira costal, o rendimento será de 2 hd/ha e 16 hm/ha por operação (neste caso, a hora máquina da roçadeira). O número de operações previstas serão de três a quatro roçadas anuais.

A demanda de herbicida será certa de 60% da quantidade indicada na tabela 3, utilizada durante a fase de formação da lavoura.

Condução do Cafezal no primeiro e no segundo ano de formação

O número de hastes por planta deverá variar conforme o nível tecnológico, espaçamento entre linhas e densidade de hastes por hectare, conforme indicado na tabela 1 do item "O Sistema de Produção Preconizado".

O número de hastes por planta será manejado durante a fase de formação do cafezal por meio da prática conhecida como desrama (retirada do excesso de ramos).

Como estratégia para uniformizar a idade das hastes e antecipar a emissão de hastes ortotrópicas será utilizada a técnica da poda apical, que consiste em eliminar a gema apical das mudas recém-plantadas. Esta prática será realizada aos 90 dias após o plantio das mudas, quando as plantas apresentarem dois pares de ramos plagiotrópicos, sendo a poda realizada acima do último par.

O rendimento previsto para as operações de poda apical serão de 8 hd/ha.

A desrama para controle do número de hastes será realizada durante a fase de formação do cafezal e também durante todo o ciclo da cultura. Os ramos excedentes serão eliminados manualmente quando atingirem de 20 a 30 cm de altura.

O rendimento previsto para as operações de desrama serão de 5 hd/ha por operação, sendo previstas duas operações no primeiro e no segundo ano agrícola.

Condução do Cafezal a partir do terceiro ano

O correto manejo do cafezal é importante devido às características de porte elevado e grande quantidade de hastes verticais apresentadas pelo cafeeiro. Se permitido crescer livremente, o cafezal "fecha" a partir da terceira ou quarta colheita, ocasionando sombreamento e dificultando os tratos culturais, colheita, manejo de pragas e doenças, entre outras práticas. Como consequência, há redução na produtividade do cafezal.

A partir do terceiro ano de formação (sendo o primeiro de produção normal), haverá a realização de podas de manutenção (desramas) e de produção (eliminação dos ramos que já produziram na safra atual).

O rendimento previsto para as operações de desbrota a partir do terceiro ano de formação serão de 6 hd/ha por operação, sendo previstas duas operações de desrama por ano.

Adubação no primeiro e segundo ano de formação

A adubação de formação do cafeeiro será variável conforme o nível tecnológico.

No primeiro ano será realizada com a aplicação do formulado 30-0-15, na proporção de 90 kg ha^{-1}, por aplicação, sendo quatro aplicações (uma a cada 45 dias após o início do período chuvoso) para o nível tecnológico alto; três aplicações para o nível tecnológico médio (a cada 60 dias após o início do período chuvoso); e duas aplicações anuais para o nível tecnológico baixo (a cada 90 dias após o início do período chuvoso). Assim, as quantidades totais do fertilizante 30-0-15 serão de 360, 270 ou 180 kg ha^{-1}, respectivamente.

Para o segundo ano de formação do cafeeiro a adubação deverá ser de 200 kg do formulado 25-00-25 por hectare, por aplicação, a ser aplicado em quatro vezes a cada 45 dias a partir do início do período chuvoso, para o nível tecnológico alto; três aplicações para o nível tecnológico médio (a cada 60 dias após o início do período chuvoso);

e duas aplicações anuais para o nível tecnológico baixo (a cada 90 dias após o início do período chuvoso). Assim, as quantidades totais do fertilizante 25-0-25 serão de 800, 600 ou 400 kg ha^{-1}, respectivamente.

Todavia, se a análise de solos indicar teor de P disponível inferior a 10 mg P dm^{-3} de solo e o P remanescente for acima de 30 mg P dm^{-3}, o fertilizante de cobertura a ser utilizado deverá ser o 20-5-20, na quantidade de 250 kg por aplicação, a ser aplicado em quatro vezes a cada 45 dias a partir do início do período chuvoso, para o nível tecnológico alto; três aplicações para o nível tecnológico médio (a cada 60 dias após o início do período chuvoso); e duas aplicações anuais para o nível tecnológico baixo (a cada 90 dias após o início do período chuvoso). Assim, as quantidades totais do fertilizante 20-5-20 serão de 1000, 750 ou 500 kg ha^{-1}, respectivamente.

Em qualquer um dos casos acima, a quantidade a ser aplicada por cova (planta) deverá ser obtida em função da densidade de plantio adotada. O rendimento das operações de aplicação dos fertilizantes em cobertura é estimado em 2 hd/ha por operação.

Pragas do cafeeiro

O ataque de pragas no cafeeiro afeta o desenvolvimento e produção de plantas, causando perdas de produtividade e prejuízos econômicos. Na região Amazônica as principais pagas que atacam a cultura são a broca-do-café, ácaro vermelho, bicho-mineiro e a lagarta-dos-cafezais. Além destes, outros insetos-pragas secundários devem ser monitorados, pois apresentam potencial de dano econômico quando em altas infestações, como cochonilhas e lagartas-rosetas, que por se tratarem de pragas secundárias, não serão incluídas no programa de tratamento fitossanitário pré-programado.

Broca-do-café (*Hypothenemus hampei*). Embora seja considerado na Amazônia a principal praga do café, a ocorrência desta praga está restrita à fase produtiva do cafeeiro.

Na fase produtiva da lavoura, o inseto ataca frutos verdes, secos e maduros, causando danos diretos e indiretos, como queda precoce de frutos novos, redução no peso do grão, perda de qualidade do café, depreciação do preço de venda por queda na classificação por tipo e inviabilização da comercialização no exterior devido à não aceitação dos países importadores.

A principal forma de controle a ser adotada será a cultural, realizada pela colheita criteriosa de frutos, evitando deixar remanescentes na lavoura, nos quais a praga poderia sobreviver de uma safra para outra e assim aumentar seu nível populacional.

Associada ao manejo cultural, também será recomendado o manejo fitossanitário preventivo com a aplicação do inseticida Verismo, a base de metaflumizone, na dose de 1,5 a 2,0 litros por hectare, sempre que a infestação alcançar o nível de controle de 3% de frutos infestados, cuja amostragem deverá ser realizada mensalmente a partir de novembro, mas principalmente no período em que os frutos estiverem nas fases chumbo e chumbões, momento em que as sementes já estão formadas e a broca perfura o fruto e realiza a ovoposição.

A amostragem será realizada percorrendo a área em zig-zag e escolhendo, ao acaso, 60 frutos de cada planta selecionada, sendo 15 de cada face. Serão amostradas até 125 plantas por hectare. O controle químico deve se iniciar sempre que a contagem de frutos brocados alcançar 225 frutos, neste caso não sendo necessário realizar a amostragem de 125 plantas se o número mínimo de frutos brocados for constatado.

O rendimento previsto para as operações do amostragem é de 0,25 hd/ha por operação, sendo previstas seis amostragens mensais ao ano. O rendimento previsto para as operações do controle químico da broca do café é de 0,5 hd/ha por operação, sendo previstas duas aplicações durante o período de crescimento dos frutos.

Ácaro-vermelho (*Olygonychus ilicis*). O ácaro-vermelho é uma praga da parte aérea dos cafeeiros, atacando as folhas ao sugar o conteúdo celular. Os sintomas do ataque são folhas bronzeadas e reduzidas em área, além de queda de folhas, o que provoca redução do potencial produtivo na safra seguinte.

O ácaro-vermelho é encontrado na face superior das folhas, e pode ser observado a olho nu, principalmente enquanto se desloca. A presença de teias esbranquiçadas sobre as folhas também indica a presença da praga.

A infestação ocorre em períodos de seca com estiagem prolongada, sendo mais severa em áreas ensolaradas com manchas de solo mais seco. Em plantas jovens o ataque é mais severo e em áreas sombreadas o ataque é reduzido.

O controle biológico natural, em condições de boa precipitação pluviométrica e manejo cultural, pode ser obtido pela presença de ácaros predadores da família *Phtoseiidae* e coleópteros do gênero *Stethorus*, que são responsáveis por manter controlada a população de ácaro-vermelho, a níveis que não causam dano econômico ao produtor.

Por sua vez, o controle químico do ácaro-vermelho é recomendado em períodos de estiagem associados a ataque severo da praga. Quando necessário, o controle será realizado com acaricidas seletivos, evitando a ação sobre inimigos naturais, podendo ser realizado com aplicação do inseticida deltametrina. A quantidade prevista do inseticida é da ordem de 0,6 l/ha.

O rendimento previsto para as operações do controle químico do ácaro vermelho é de 0,5 hd/ha por operação, sendo previstas duas aplicações durante o período mais seco do ano.

Bicho-mineiro (*Perileucoptera cofeella*). O bicho-mineiro é uma praga de parte aérea da planta, atacando folhas principalmente do terço superior. A larva do inseto penetra na folha e aloja-se entre as duas epidermes, alimentando-se do conteúdo celular e a formar galerias.

O ataque da praga provoca lesão na área de ação, necrose dos tecidos afetados, redução da área foliar e queda de folhas, comprometendo a capacidade fotossintética da planta e, consequentemente, seu potencial produtivo e afetando a longevidade do cafeeiro. Em ataques severos ocorre a desfolha da planta de cima para baixo.

Em relação aos fatores climáticos que afetam a ocorrência da praga, a precipitação pluviométrica e umidade relativa elevada reduzem a infestação, enquanto que altas temperaturas favorecem o desenvolvimento da praga. Ausência de inimigos naturais como parasitos, predadores e entomopatógenos, bem como lavouras menos adensadas, agravam o nível de infestação do bicho-mineiro.

O controle químico deverá ser iniciado sempre que a porcentagem de folhas infestadas com lagartas vivas em relação ao número total de folhas amostradas for superior a 25%. Para isto, deve-se realizar amostragem para avaliação da infestação, selecionando-se aleatoriamente 20 plantas por hectare, retirando-se de cada planta uma folha do terceiro par de folhas de um ramo escolhido ao acaso em cada uma das faces de cada planta, nos terços médio e superior. Ao final, serão obtidas 160 amostras (20 plantas x 4 faces x 2 terços). Se a infestação atingir 40 ou mais folhas amostradas, deve-se iniciar o tratamento químico, o qual deve ser direcionado para as áreas de maior infestação, a fim de evitar a ação sobre inimigos naturais.

Produtos para o controle do bicho-mineiro, como fosforados, carbamatos e piretróides não deverão ser utilizados pois estes também afetam os parasitoides e predadores naturais. Em função disto, serão utilizados inseticidas do grupo dos neonicotinoides (imidacloprido associado a triadimenol), pois além de serem eficientes no controle do bicho-mineiro, afetam outras pragas do café, e apresentam menor risco ao operador e ao meio ambiente.

O rendimento previsto para as operações do amostragem é de 0,25 hd/ha por operação, sendo previstas seis amostragens mensais ao ano.

A quantidade esperada do inseticida imidacloprido associado a triadimenol é da ordem de 3 a 5 l/ha, com rendimento previsto para as operações do controle químico do bicho mineiro de 0,5 hd/ha por operação, sendo previstas duas aplicações durante o ano.

Lagarta-dos-cafezais (*Eacles imperialis*). A lagarta-dos-cafezais é uma praga que ataca a parte aérea das plantas, se alimentando de folhas e ponteiros. Esses insetos podem atingir até 12 cm de comprimento, com peso de 15 g e coloração variável de verde-alaranjado, amarelo e marrom. Cada lagarta pode chegar a consumir até 0,30 m² de área foliar e em caso de infestação grave podem ser observadas até 150 lagartas por planta.

Devido ao porte avantajado das lagartas e dependendo da intensidade de infestação, a lavoura pode ser completamente devastada por essa praga, o que motiva a preocupação em relação ao seu controle.

São observados na região dois surtos principais de infestação, sendo o primeiro na passagem do período chuvoso para o período seco, e o segundo ao final do período seco. Picos intermediários podem ser observados, relacionados à ocorrência de chuvas no período de estiagem.

O controle biológico pode ser realizado com a aplicação de produtos à base de *Bacillus thuringiensis*, os quais apresentam resultados satisfatórios no controle da praga.

O controle químico pode ser realizado com a aplicação de deltametrina, nas mesmas dosagens e período usados para o controle do ácaro vermelho, ou quando as lagartas, ainda pequenas, forem identificadas no cafezal.

Doenças do cafeeiro

O cafeeiro é uma planta cujo cultivo, em todo território nacional, está sujeito à ocorrência de doenças, muitas delas capazes de inviabilizar economicamente a atividade. No ambiente amazônico, em que as condições climáticas são, ao longo de praticamente todo o ano, favoráveis à ocorrência, disseminação e sobrevivência dos patógenos, o constante monitoramento e controle de doenças torna-se indispensável para o cultivo de café. Devido às condições regionais, algumas doenças que não são relevantes em outras regiões produtoras no Brasil tornam-se severas na Amazônia, e outras que são importantes nas demais regiões apresentam maior dificuldade de controle.

Ferrugem do cafeeiro (*Hemileia vastatrix*). No estágio inicial a doença apresenta manchas cloróticas translúcidas de 0,1 a 0,3 cm de diâmetro, na face inferior do limbo foliar. Em poucos dias, as manchas aumentam e atingem cerca de 1 a 2 cm de diâmetro.

Em estágios mais avançados, ocorre o aparecimento de manchas pulverulentas de coloração amarelo-alaranjada na face inferior das folhas. Em casos de ataque severo ocorre desfolha e depauperamento da planta.

O controle químico só será realizado caso a taxa de infestação for superior a 3%. Se a taxa estiver entre 3% e 5%, será aplicado fungicida cúprico, e se a taxa estiver acima de 5%, será realizado o controle com pulverização de fungicida sistêmico.

Para a amostragem, deve-se coletar 10 folhas por planta, selecionadas aleatoriamente no talhão, retiradas do terço médio, entre o terceiro e quarto par de folhas do ramo. A taxa de incidência será calculada pela razão entre o número de folhas com lesões esporulantes pelo número de folhas totais.

O rendimento previsto para as operações do amostragem é de 0,5 hd/ha por operação, sendo previstas quatro amostragens ao ano.

A quantidade prevista do fungicida cúprico é da ordem de 4 kg/ha. O rendimento previsto para as operações do controle químico do é de 0,5 hd/ha por operação, sendo previstas três aplicações durante o ano, sendo que duas serão preventivas e associadas também ao controle da cercosporiose, e a terceira aplicação somente se houver incidência de ferrugem além do limiar de dano de 3% de folhas afetadas.

Cercosporiose (*Cercospora conffeicola*). O sintoma típico da cercosporiose é o aparecimento de lesões circulares com bordas irregulares nas folhas, de cor variando entre pardo-claro, marrom-claro e marrom-escuro. O centro das lesões apresenta cor clara-acinzentada, circundada por um anel de cor arroxeada, com pontuações escuras no centro.

O controle será preventivo a fim de combater simultaneamente a cercosporiose e a ferrugem.

A **mancha-manteigosa** (*Colletotrichum gloeosporioides*) receberá o mesmo tratamento preventivo para a ferrugem e a cercosporiose, não necessitando de tratamento adicional. A **mancha de corynespora** (*Corynespora cassicola*) também não receberá tratamento preventivo.

A **fusariose** (*Fusarium spp*) será tratada através do controle da qualidade de mudas, que serão adquiridas de viveiros certificados. Se for constatada infecção no campo, será realizado o arranquio e queima de plantas doentes, a fim de evitar maior contaminação da área.

O **nematoide-das-galhas** (*Meloidogyne spp*).também terá como principal medida de controle o manejo preventivo quanto à entrada do patógeno na área de produção, que será realizado pelo controle da qualidade de mudas, que serão adquiridas de viveiros certificados, evitando assim a disseminação do viveiro para a lavoura.

Outras doenças como **seca-dos-ponteiros** (*Colletotrichum gloeosporioides*), **koleroga** (*Ceratobasidium noxium*) e **roseliniose** (*Roselinia bunodes*), serão tratadas especialmente por meio de controles culturais, como a manutenção de nutrição equilibrada, poda de ramos doentes, capina nas entrelinhas de plantio, e evitando o plantio em áreas recém desmatadas ou abertas.

Colheita

A última etapa do processo produtivo é a colheita de frutos. Esta etapa é uma das mais críticas, pois representa boa parte dos custos e, se não realizada adequadamente, pode influenciar negativamente na qualidade do produto, produtividade e valor comercial do fruto.

Dentre os fatores determinantes da qualidade da operação, a época de colheita exerce grande influência nos resultados obtidos. Tanto colheitas em época precoce, quando há ainda muitos frutos verdes, quanto em época tardia, quando os frutos já passaram do ponto de maturação, causam prejuízo ao produtor.

Os frutos devem ser colhidos quando maduros, pois estes fornecem matéria-prima de qualidade, por apresentarem maior conteúdo de sólidos solúveis e açúcares, importantes durante o processo de torra dos grãos para a obtenção de características sensoriais desejadas, como aroma, sabor, acidez e doçura.

Um dos desafios inerentes à realização da colheita em época adequada é a desuniformidade de maturação dos frutos na lavoura, decorrente da existência de várias floradas em diferentes períodos. Isto ocorre devido às variações climáticas, como ocorrência de chuvas, temperatura e umidade do ar, que ocorrem durante as fases de floração, frutificação e amadurecimento dos frutos.

A colheita de frutos verdes é prejudicial pois resulta em depreciação do produto na classificação por tipos, redução do peso do grão, rendimento da colheita, perda de qualidade da bebida e consequentemente redução no valor final do produto. Já a colheita de frutos que passaram do ponto de maturação é prejudicial devido à maior ocorrência de grãos ardidos e grãos pretos, além de maior incidência de grãos brocados. O ponto ideal de colheita é o de fruto cereja, pois neste estádio o grão já atingiu a maturidade fisiológica e apresenta maior potencial de qualidade.

Assim, para conseguir maior uniformidade no processo de colheita, os clones serão organizados para serem cultivados em linha, de forma que a maturação na linha de plantio seja mais uniforme que entre diferentes linhas. Nas lavouras irrigadas, a irrigação complementar também permitirá redução no abortamento de flores e na indução floral, aumentando desta forma a uniformidade do processo de amadurecimento dos frutos.

O ponto de colheita, dentro de cada linha de plantio, será determinado quando os frutos verdes representem no máximo 5% e o índice de grãos maduros seja superior a 80%.

Em relação ao método de colheita, será adotada a colheita manual, por se tratar de pequena propriedade rural com mão-de-obra predominantemente familiar, pelo método de derriça total. Neste processo, deve ser colocado sob o cafeeiro panos estendidos onde serão derrubados os frutos, evitando assim contaminação através do contato com o solo e outros frutos caídos no chão. Após a derriça, deve ser realizada a abanação, onde os grãos serão separados das folhas, ramos e outras impurezas. Este método exige, na pós-colheita, a separação de frutos maduros por meio do processamento via úmida.

Após o processo de derriça e abanação dos frutos de café, estes devem ser encaminhados para secadores e beneficiadoras, para que se obtenha cafés de maior uniformidade na secagem, menor número de defeitos comerciais e melhor qualidade da bebida.

Tanto a secagem como o beneficiamento deverão ser feito por empresas especializadas, a serem contratadas previamente.

Conclusões

A implantação de lavouras cafeeiras em Plácido de Castro possui um grande número de desafios tecnológicos, principalmente aqueles relacionados à escassez de insumos e a inexperiência de grande parte dos produtores com as técnicas contemporâneas utilizadas no manejo das lavouras cafeeiras.

Portanto, o sucesso deste empreendimento dependerá da coordenação e do apoio mútuo entre as instituições de fomento e de assistência técnica, já que superada estas limitações, o município apresenta excelentes condições de terras (solos, relevo e clima) para o desenvolvimento de uma cafeicultura economicamente viável.

Bibliografia Consultada

ACRE. Governo do Estado do Acre. Secretaria de Estado de Meio Ambiente – SEMA. Zoneamento Ecológico Econômico do Acre. Fase II, Rio Branco: Governo do Acre, 2011.

ACRE. Governo do Estado do Acre. Zoneamento Ecológico-Econômico do Estado do Acre, Fase II (Escala 1:250.000): Documento Síntese. 2. Ed. Rio Branco: SEMA, 2010. 356p.

DIAS, J. R. M. et al. . Manejo nutricional de cafeeiros clonais na Amazônia Ocidental. In: WADT, P. G. S. et al. (Org.). Manejo dos solos e a sustentabilidade da produção agrícola na Amazônia Ocidental. 1ed.Porto Velho: SBCS Núcleo Regional Amazônia Ocidental, 2014, v. 2, p. 135-157.

IBGE, cidades – Plácido de Castro, 2016. Disponível em: https://cidades.ibge.gov.br/brasil/ac/placido-de-castro/panorama. . <Consulta realizada em 12.08.2018>.

RODRIGUES, T. E. et al. Caracterização e classificação de solos do município de Plácido de Castro, Estado do Acre. Belém: Embrapa Amazônia Oriental, 2003. (Embrapa Amazônia Oriental. Documentos, 160)

SANTOS, J. C. Mercado para o café em grão do Acre. Rio Branco: Embrapa Acre. 2000.

VEIGA, S. A.; SANTOS, J. C. Diagnóstico das indústrias de café no Acre. Rio Branco: Embrapa Acre. 2003.

WADT, P. G. S.. Manejo do Solo e Recomendação de Adubação para o Estado do Acre. Rio Branco: Embrapa Acre, 2005. v. 1. 635p.

WADT, P. G. S. et al. Sistema Integrado de Diagnose e Recomendação (DRIS) no manejo da adubação de cafeeiros. In: MARCOLAN, A. L.; ESPINDULA, M. C.. (Org.). Café na Amazônia. 1ed., Brasília: Embrapa, 2016, v. 1, p. 197-218.

WEATHER SPARK – Plácido de Castro. Disponível em: https://weatherspark.com/y/27524/Average-Weather-in-Pl%C3%A1cido-de-Castro-Brazil-Year-Round . <Consulta realizada em 23.08.2018>.

Acerca dos Autores

Vinicius Costa Barreiros e Lucas Wadt são estudantes de engenharia agronômica da Universidade de São Paulo, na Escola de Agronomia "Luiz de Queiroz", ambos atualmente cursando na Agro Paris Tech em programa de dupla titulação com a universidade brasileira.

www.ingramcontent.com/pod-product-compliance
Lightning Source LLC
Chambersburg PA
CBHW071433220526
45469CB00004B/1515